青少年人工智能与编程系列丛书

跟我学
人工智能编程 一级

彭超　郑骏　主编

U0215057

清华大学出版社
北京

内 容 简 介

本书以团体标准《青少年编程能力等级 第 5 部分：人工智能编程》（T/CERACU/AFCEC 100.5—2022）为依据，旨在引导青少年走进人工智能编程的世界，形成基本的人工智能认知和编程思维。本书共有 4 个单元，内容覆盖人工智能编程能力等级标准一级 15 个知识点。第 1 单元为初步认识人工智能（共 3 节），主要介绍什么是人工智能，身边的人工智能以及人工智能三要素。第 2 单元为认识基础的人工智能编程（共 3 节），主要初步介绍人工智能软硬件知识，了解人工智能图形化编程平台中人工智能模块的使用方法。第 3 单元为人工智能典型应用（共 2 节），主要介绍人工智能中语音识别、图像识别技术应用案例，让学生领略人工智能技术的奥秘。第 4 单元为人工智能的发展与挑战（共 3 节），与学生一起倾听人工智能的故事，畅想未来人工智能生活。

本书是中小学人工智能入门学习的理想教材，同时适合报考全国青少年编程能力等级考试（PAAT）人工智能编程一级科目的考生选用。

图书在版编目（CIP）数据

跟我学人工智能编程 . 一级 / 彭超，郑骏主编 . —北京：清华大学出版社，2024.5
（青少年人工智能与编程系列丛书）
ISBN 978-7-302-66225-9

Ⅰ.①跟… Ⅱ.①彭… ②郑… Ⅲ.①人工智能 – 青少年读物 Ⅳ.① TP18-49

中国国家版本馆 CIP 数据核字（2024）第 096056 号

责任编辑：谢　琛
封面设计：刘　键
责任校对：王勤勤
责任印制：宋　林

出版发行：清华大学出版社
　　　　　网　　　址：https://www.tup.com.cn，https://www.wqxuetang.com
　　　　　地　　　址：北京清华大学学研大厦 A 座　　　　　邮　　编：100084
　　　　　社 总 机：010-83470000　　　　　　　　　　邮　　购：010-62786544
　　　　　投稿与读者服务：010-62776969，c-service@tup.tsinghua.edu.cn
　　　　　质量反馈：010-62772015，zhiliang@tup.tsinghua.edu.cn
　　　　　课件下载：https://www.tup.com.cn,010-83470236
印 装 者：三河市铭诚印务有限公司
经　　销：全国新华书店
开　　本：185mm×260mm　　　　印　　张：6.75　　　　字　　数：93 千字
版　　次：2024 年 5 月第 1 版　　　　　　　　　　　印　　次：2024 年 5 月第 1 次印刷
定　　价：59.80 元

产品编号：102586-01

编写人员名单

丛书主编： 　　郑　莉

主　　编： 　　彭　超　郑　骏

编 委 会： 　　（按字母拼音排序）

　　　　　　　曹月阳　高淑印　黄鸣曦　赖文辉　刘冠承

　　　　　　　宋家友　王筱雯　余少勇　张金涛

序
Preface

为了规范青少年编程教育培训的课程、内容规范及考试，全国高等学校计算机教育研究会于 2019—2022 年陆续推出了一套《青少年编程能力等级》团体标准，包括以下 5 个标准：

- 《青少年编程能力等级 第 1 部分：图形化编程》（T/CERACU/AFCEC/SIA/CNYPA 100.1—2019）

- 《青少年编程能力等级 第 2 部分：Python 编程》（T/CERACU/AFCEC/SIA/CNYPA 100.2—2019）

- 《青少年编程能力等级 第 3 部分：机器人编程》（T/CERACU/AFCEC 100.3—2020）

- 《青少年编程能力等级 第 4 部分：C++ 编程》（T/CERACU/AFCEC 100.4—2020）

- 《青少年编程能力等级 第 5 部分：人工智能编程》（T/CERACU/AFCEC 100.5—2022）

本套丛书围绕这套标准，由全国高等学校计算机教育研究会组织相关高校计算机专业教师、经验丰富的青少年信息科技教师共同编写，旨在为广大学生、教师、家长提供一套科学严谨、内容完整、讲解详尽、通俗易懂的青少年编程培训教材，并包含教师参考书及教师培训教材。

这套丛书的编写特点是学生好学、老师好教、循序渐进、循循善诱，并且符合青少年的学习规律，有助于提高学生的学习兴趣，进而提高教学效率。

学习，是从人一出生就开始的，并不是从上学时才开始的；学习，是无处不在的，并不是坐在课堂、书桌前的事情；学习，是人与生俱来的本能，也是人类社会得以延续和发展的基础。那么，学习是快乐的还是枯燥的？青少年学习编程是为了什么？这些问题其实也没有固定的答案，一个人的角色不同，便会从不同角度去认识。

从小的方面讲，"青少年人工智能与编程系列丛书"就是要给孩子们一套易学易懂的教材，使他们在合适的年龄选择喜欢的内容，用最有效的方式，愉快地学点有用的知识，通过学习编程启发青少年的计算思维，培养提出问题、分析问题和解决问题的能力；从大的方面讲，就是为国家培养未来人工智能领域的人才进行启蒙。

学编程对应试有用吗？对升学有用吗？对未来的职业前景有用吗？这是很多家长关心的问题，也是很多培训机构试图回答的问题。其实，抛开功利，换一个角度来看，一个喜欢学习、喜欢思考、喜欢探究的孩子，他的考试成绩是不会差的；一个从小善于发现问题、分析问题、解决问题的孩子，未来必将是一个有用的人才。

安排青少年的学习内容、学习计划的时候，的确要考虑"有什么用"的问题，也就是要考虑学习目标。如果能引导孩子对为他设计的学习内容爱不释手，那么教学效果一定会好。

青少年学一点计算机程序设计，俗称"编程"，目的并不是要他能写出多么有用的程序，或者很生硬地灌输给他一些技术、思维方式，要他被动接受，而是要充分顺应孩子的好奇心、求知欲、探索欲，让他不断发现"是什么""为什么"，得到"原来如此"的豁然开朗的效果，进而尝试将自己想做的事情和做事情的逻辑写出来，交给计算机去实现并看到结果，获得"还可以这样啊"的欣喜，获得"我能做到"的信心和成就感。在这个过程中，自然而然地，他会愿意主动地学习技术，接受计算思维，体验发现问题、分析问题、解决问题的乐趣，从而提升自身的能力。

我认为在青少年阶段，尤其是对年龄比较小的孩子来说，不能过早地让他们感到学习是压力、是任务，而要学会轻松应对学习，满怀信心地面对需要解决的问题。这样，成年后面对同样的困难和问题，他们的信心会更强，抗压能力也会更强。

针对青少年的编程教育，如果教学方法不对，容易走向两种误区：第一种，想做到寓教于乐，但是只图了个"乐"，学生跟着培训班"玩儿"编程，最后只是玩儿，没学会多少知识，更别提能力了，白白占用了很多时间，这多是因为教材没有设计好，老师的专业水平也不够，只是哄孩子玩儿；第二种，选的教材还不错，但老师只是严肃认真地照本宣科，按照教材和教参去"执行"教学，学生很容易厌学、抵触。

本套丛书是一套能让学生爱上编程的书。丛书体现的"寓教于乐"，不是浅层次的"玩乐"，而是一步一步地激发学生的求知欲，引导学生深入计算机程序的世界，享受在其中遨游的乐趣，是更深层次的"乐"。在学生可能有疑问的每个知识点，引导他去探究；在学生无从下手不知如何解决问题的时候，循循善诱，引导他学会层层分解、化繁为简，自己探索解决问题的思维方法，并自然而然地学会相应的语法和技术。总之，这不是一套"灌"知识的书，也不是一套强化能力"训练"的书，而是能巧妙地给学生引导和启发，帮助他主动探索、解决问题，获得成就感，同时学会知识、提高能力的一套书。

丛书以《青少年编程能力等级》团体标准为依据，设定分级目标，逐级递进，学生逐级通关，每一级递进都不会觉得太难，又能不断获得阶段性成就，使学生越学越爱学，从被引导到主动探究，最终爱上编程。

优质教材是优质课程的基础，围绕教材的支持与服务将助力优质课程。初学者靠自己看书自学计算机程序设计是不容易的，所以这套教材是需要有老师教的。教学效果如何，老师至关重要。为老师、学校和教育机构提供良好的服务也是本套丛书的特点。丛书不仅包括主教材，还包括教师参考书、教师培训教材，能够帮助新的任课教师、新开课的学校和教育机构更快更好地建设优质课程。专业相关、有时间的家长，也可以借助教师培训教材、教师参考书学习和备课，然后伴随孩子一起学习，见证孩子的成长，分享孩子的成就。

成长中的孩子都是喜欢玩儿游戏的，很多家长觉得难以控制孩子玩儿计算机游戏。其实比起玩儿游戏，孩子更想知道游戏背后的事情，学习编程，让孩子体会到为什么计算机里能有游戏，并且可以自己设计简单的游戏，这样就揭去了游戏的神秘面纱，而不至于沉迷于游戏。

希望这套承载着众多专家和教师心血、汇集了众多教育培训经验、依据全国高等学校计算机教育研究会团体标准编写的丛书，能够成为广大青少年学习人工智能知识、编程技术和计算思维的伴侣和助手。

清华大学计算机科学与技术系教授　郑　莉

2022 年 8 月于清华园

前 言
Foreword

目前，人工智能技术的探索和应用是全球关注的焦点，OpenAI 公司发布的 ChatGPT 更是成为当下最热门的话题。随着技术的进步，人工智能的应用潜力与社会价值正在不断得到体现，并改变着人们的生产生活，也影响着未来人才的培养方向。掌握人工智能技术，是未来国家竞争的焦点，也是各国追逐的目标。随着我国人工智能相关政策的发布，人工智能教育成为未来教育发展的一个重要领域。

新技术的开发和应用依赖教育基础。然而在我国的基础教育阶段，人工智能普及教育尚在起步，人工智能教学面临师资严重不足、教师专业能力较低、人工智能课程缺乏规范性、系统性、专业性，实用性和趣味性也有待提升等一系列问题。

本书以团体标准《青少年编程能力等级 第 5 部分：人工智能编程》（T/CERACU/AFCEC 100.5—2022）为依据，内容覆盖人工智能编程一级 15 个知识点。作者充分考虑了一级对应的青少年年龄阶段的学习特点，主要采用主题活动方式，将知识性、趣味性、实践性和能力素养、信息安全意识培养有机融合，旨在打造一本既适合学生学习，也方便教师实施教学的教材。

本教材融合"标准"、"知识与能力"和"测评"，以"标准"界定"知识与能力"，以"知识与能力"约束"测评"，是本书的编撰原则和核心特色，以专业、科学的内容推动青少年人工智能编程教育的规范化。本书通过跨学科主题活动的形式让学生理解身边的人工智能，培养青少年的信息意识、信息责任、

计算思维和跨学科综合能力，塑造面向未来的信息科技与人工智能人才。

本书由华东师范大学彭超副教授、郑骏教授组织编写并统稿。全书共分4个单元，其中第1单元、第4单元由骆昱宇、曹月阳、黄鸣曦撰写，第2单元、第3单元由余少勇、宋家友、赖文辉、刘冠承撰写，特约撰稿指导高淑印。

本书由威盛电子（中国）有限公司提供案例及技术支持。全国高等学校计算机教育研究会—清华大学出版社联合教材工作室对本书的编写给予了大力的协助。"PAAT全国青少年编程能力等级考试"考试委员会对本书给予了全面的指导。在此对上述机构、专家、学者、同仁一并表示深深的感谢！

祝同学们和老师们通过本教材的学习，开启人工智能编程学习之门，未来成为信息科技与人工智能时代的原住民。

作　者

2024年1月

目 录
Contents

第1单元 人工智能的基础知识   1

1.1 身边的人工智能   2

1.2 什么是人工智能   7

1.3 人工智能三要素   10

第2单元 人工智能编程   14

2.1 "智能小灯"动起来——软硬件初识   15

   2.1.1 "智能小灯"动起来——软件知识介绍   15

   2.1.2 "智能小灯"动起来——硬件知识介绍   19

   2.1.3 "智能小灯"动起来——"人工智能仿真平台"介绍   22

   2.1.4 "智能小灯"动起来——实验演练   22

2.2 认识小智一家   26

2.3 捉迷藏   30

第3单元 人工智能典型应用   39

3.1 跟我学诗词——语音识别   40

3.2 认识小动物——图像识别   49

第 4 单元　人工智能发展与挑战　　58

4.1　倾听人工智能的故事	59
4.2　畅享人工智能生活	61
4.2.1　智能安防：人工智能 + 安防	65
4.2.2　智能医疗：人工智能 + 医疗	66
4.2.3　智能交通：人工智能 + 交通	68
4.2.4　智能制造：人工智能 + 制造	69
4.3　人工智能安全与伦理	71
4.3.1　人工智能与信息安全	71
4.3.2　人工智能收集个人信息的方式	74
4.3.3　人工智能与个人隐私	76
4.3.4　人工智能时代如何保障个人隐私	77

附录 A　青少年编程能力等级 第 5 部分：人工智能编程一级部分节选　　80

A.1　范围	81
A.2　规范性引用文件	81
A.3　术语和定义	81
A.4　人工智能编程能力的等级划分	83
A.5　一级核心知识点及能力要求	84

附录 B　PAAT 全国青少年编程能力等级考试 人工智能一级样题　　87

附录 C　人工智能一级（样卷）参考答案　　94

第1单元

人工智能的基础知识

小朋友们，通过人工智能技术，可以使用人脸识别进行手机解锁、使用智能导航软件帮你规划出行的线路、通过美颜相机拍出漂亮的照片等。人工智能已经悄悄地融入我们的生活。本章将介绍人工智能的前世今生，告诉你们什么是人工智能、身边的人工智能产品和关于人工智能的一些小知识。

1.1 身边的人工智能

⊙ **学习目标** ⊙

• 了解人工智能技术是如何在方方面面影响我们的衣食住行的。

小智爸爸开车的时候，传来了手机的铃声。

叮铃铃 叮铃铃 这是"小红"的来电。

请帮我拒绝这个通话，并给他发送一条短信，告诉他我正在开车。

好的，已回复。

请帮我打开"智能导航"软件，帮我导航到最近的购物商场。

系统已经智能规划了一条可以避免早高峰的路线。

小智爸爸到了商场地下停车场。

请启动自动泊车功能。

收到，目前车辆已停稳。

小智爸爸到商场购物区，走到一台智能导购机器人前。

嗨，你好！请根据我的购物偏好向我推荐我可能感兴趣的商品。

顾客，您好！请使用人脸识别功能登入您的账号，小导会根据您的喜好做针对性推荐。

小智爸爸成功通过了导购机器人的人脸识别验证。

小智爸爸，您好！我们根据您的历史购物记录和近期商场的促销活动，给您推荐了以下您可能感兴趣的实惠商品。

好的，请通过实景导航，导航到该店铺。

好的，小智爸爸，已经为您启动了实景导航路径规划。

小智爸爸使用人脸识别进行商品结算后，乘坐自动驾驶汽车回到了小区。通过人脸识别通过了小区的门禁系统，并使用虹膜识别打开了家的大门。智能管家立马打开客厅的灯光，并提前启动了热水器、空调和新风系统。小智爸爸舒舒服服地洗了澡后，在优美的歌声中睡着了。智能管家检测到小智爸爸入睡，随即调暗了灯光，并将空调调整到了睡眠模式。

生活中常见的人工智能应用

❀ 智能音箱

智能音箱中用到的最重要的人工智能技术就是语音交互，它可以和你对话交流，完成你交代的指令，图 1-1 所示是一种智能音箱。

图　1-1

🍁智能语音客服

在一些重复性的语音电话服务中心，经常可以遇到智能语音客服和我们沟通交流，以减少人工客服的压力，如图 1-2 所示。

图　1-2

🍁智能导航

在智能导航当中，配备了可以实时监控路况的功能，当你需要导航时，会使用人工智能算法为你计算出一条"推荐"的路线，如图 1-3 所示。

图　1-3

AI 语音助手

　　我们常见的 AI 语音助手就是使用人工智能语音技术，帮助我们使用语音控制设备，完成指令，如图 1-4 所示。

图　1-4

购物推荐

　　在购物软件中，我们常常能够看到想买的东西恰巧就在主页上推荐，其实购物软件已经和人工智能算法结合，根据我们的消费习惯和其他数据"预测"我们的购物需求，图 1-5 所示为淘宝手机 App 购物的首页。

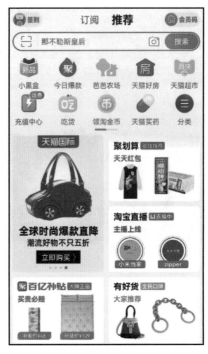

图 1-5

🌸 无人驾驶

无人驾驶技术融合了众多人工智能技术，其中人工智能图像识别技术更是重中之重，它可以识别路面上的行人、车辆、红绿灯等信息，并给出标记和反馈，如图 1-6 所示为某款在自动驾驶的汽车。

图 1-6

练 一 练

请小朋友们继续谈一谈人工智能对我们生活有什么影响。

【参考答案】

首先，人工智能正在改变我们的工作方式。许多重复性和烦琐的工作可以被自动化，这使得我们可以更加集中精力于创造性和高级别的任务。例如，机器人可以在工厂中完成重复性的组装任务，自动化软件可以帮助我们进行数据分析和处理，从而使得我们可以更快地做出决策。

其次，人工智能正在改变我们的消费习惯。智能推荐系统可以根据我们的购买历史和偏好提供更加个性化的产品和服务，智能家居可以自动化操作我们家中的电器和设备，智能语音助手可以为我们提供方便的服务和信息。

此外，人工智能还对我们的社会生活产生影响。例如，人工智能可以帮助我们更好地预测和处理自然灾害，提高医疗诊断的准确率，甚至可以辅助艺术家和设计师创作出更加创新和精美的作品。

但是，我们也需要警惕人工智能可能带来的负面影响，例如自动化导致的就业问题，数据隐私和安全问题等。因此，在推广人工智能的同时，我们也需要注意对其进行有效的监管和控制，确保其对我们生活的影响是正面的和可持续的。

1.2 什么是人工智能

◉ 学习目标 ◉

• 了解人工智能的定义。

小朋友们，你有没有发现用美颜相机拍出来的照片更加可爱呢？你是否好奇为什么你能够通过小米手机的"小爱同学"进行对话呢（如图 1-7 所示）？

你有没有惊叹抖音给你推荐的短视频都是你喜欢的呢（如图1-8所示）？其实呀，这背后都离不开人工智能技术。

图 1-7

图 1-8

那么，什么是人工智能呢？小朋友们可以首先从字面上来理解，"人工智能"是由"人工"和"智能"两个词语组成的，如图1-9所示。首先，"智能"可以理解为"聪明"和"智慧"，可以理解成一个物体有类似人类的智慧；那么"人工"呢，则可以理解成人类通过模拟的方式来实现某种东西。小朋友们把"人工"和"智能"合在一起，就可以将"人工智能"理解成人类通过模拟的方式来赋予某种东西智慧。

图 1-9

概括来说，人工智能是可用于模拟、延伸和扩展人类智慧的科学技术。毫无疑问，它已经来到我们身边，并且无处不在。科学家们让机器通过"学习"具备像人一样能感知、会思考、有自主行动的智能，如图1-10所示，就是人与机器人下围棋的场景。人工智能的应用领域正在不断扩大。

图　1-10

　　虽然人工智能在近几年受到了广泛的关注，但是人工智能的历史源远流长。我们甚至可以在希腊神话中找到和人工智能相关的传说。例如，在希腊神话中出现的机械人和人造人，以及赫菲斯托斯的黄金机器人和皮格马利翁的伽拉忒亚，如图 1-11 所示，传说技艺高超的工匠造出和人类一模一样的"玩偶"，并给它们赋予人类的意识。

图　1-11

练 一 练

　　请小朋友们谈一谈你们对人工智能的理解。

【参考答案】

人工智能就是让机器拥有人的智慧，可以学习和思考，像人一样做事情，还能自己做出决定哦！

人工智能是指让机器模拟人类智能，能够通过学习和推理来完成任务，具有自主学习和自主决策能力的一种技术或系统。

1.3 人工智能三要素

学习目标

- 了解人工智能三要素——数据、算法和算力。

 小智，你有没有发现马路的十字路口会安装摄像头，学校的大门口也会安装摄像头，你知道这些摄像头是干什么用的吗？

老师，我知道这些摄像头可以录下拍摄区域的图像，正如我们用手机录像一样。如果我们丢东西了，警察叔叔可以通过这些摄像头来帮助我们找回失物。

 小智，你说对了一部分，确实我们可以通过人工回放的方式来查看摄像头拍摄的画面。但是，现在先进的人工智能技术已经可以帮助我们对摄像头拍摄的画面进行实时监控，就好像一个 24 小时不休息的保安一样。

哇！老师，您的意思是说，这些摄像头能像保安一样，在发现小偷偷东西的时候自动报警并抓住小偷吗？请问这些摄像头是如何变得如此厉害的呢？

小智，这些摄像头的摄像模块实时拍摄画面，然后传输给后台的"人工智能"模块进行解析、处理和分析。你可以把这个"人工智能"模块理解成一种方法，它可以帮我们自动地理解摄像头所拍摄画面里面的内容。

老师，我有点理解了。现在的智能安防摄像头首先会实时录制监控区域的画面，然后把这些"画面"传给后台的"人工智能"模块进行处理，如果有小偷或者其他危险情况，这个"人工智能"模块就会给我们预警吗？

小智，你真聪明，几乎把人工智能的"三要素"都理解了！这些智能安防摄像头首先需要拍摄监控区域的视频，这些视频是"人工智能"的处理对象，我们叫作数据；处理这些数据的方法是算法；而"人工智能"计算是需要消耗"精力"的，就类似你思考需要消耗脑力，我们称作算力。

老师，原来这就是人工智能的三要素呀！但我还有点儿不明白这三要素之间的关系和重要性。

小智，别急，我来给你详细介绍人工智能的"三要素"。

人工智能的三要素

要素是指构成事物的必不可少的因素。例如，自行车需要两个轮子才能前进，那么轮子则是自行车必不可少的要素之一。

如图 1-12 所示，酒店里的大厨之所以可以做出美味可口的饭菜，是因为他们有新鲜的蔬菜和肉类作为食材，有受过良好培训的掌握多种菜谱且有丰富经验的大厨，还有许多设计精良的厨具。因此我们可以把食材、大厨（菜谱）和厨具称为做一道美味佳肴的三要素。

人工智能也有三要素，分别是数据、算法和算力。

图　1-12

数据

数据就像是一道美味佳肴的食材，它是人工智能的学习资源，正如俗话所说"巧妇难为无米之炊"，没有数据，人工智能就无法学习知识，人工智能技术也就无法实现。数据的好坏决定了人工智能技术的智能化水平。数据的类型包括文字、数字、图像、音频、视频等多种形式。

算法

算法就像是掌握菜谱的厨师，可以将准备好的食材按照特定的烹饪方式做出一道美味佳肴。具体来说，算法是解决某个问题的计算方法和步骤，是人工智能程序与非人工智能程序的核心区别。如果没有算法，当今互联网将无法高效运作。

算力

算力就像是烹饪必不可少的厨具和燃料。在人工智能中，算力是机器的计算能力，算力的大小代表了数据处理能力的强弱。算力存在于各种硬件设备中，没有算力就没有各种软硬件的正常应用。算力是算法和数据的基础设施，它支撑着算法和数据，影响着人工智能的发展。

练 一 练

人工智能的三要素包括（　　　）。

A. 算法、算力、数据　　　　B. 感知、思考、决策

C. 输入、输出、处理　　　　D. 语音识别、自然语言处理、机器翻译

【参考答案】

　　A

第 2 单元

人工智能编程

　　小朋友们，通过第一单元的学习，你们已经初步了解了身边常见的人工智能产品，了解了什么是人工智能以及人工智能数据、算法和算力三要素。那么，你们想不想亲自动手实现一个"人工智能"产品呢？或者实现一个"智能小灯"呢？如果想的话，就跟着我一起学习本章吧！

2.1 "智能小灯"动起来——软硬件初识 ▽

⊙ 学习目标 ⊙

- 了解人工智能编程软件的操作知识。
- 了解人工智能硬件及其作用。

小朋友们，我们在 1.3 节介绍了通过智能安防摄像头这个人工智能产品实现了自动监控和预警，掌握了我们首先需要摄像头（即硬件设备）来进行监控区域的拍摄，然后将拍摄的内容传输到我们的"人工智能"功能模块进行处理和分析，当遇到有小偷偷东西的时候可以自动报警，这个"人工智能"模块就是我们计算机中的软件。所以，通常来说，人工智能产品都由软硬件组成。

小朋友们，如果你们想动手实现一个人工智能产品，就需要掌握软硬件的知识。因此，这个章节将会为大家介绍一个"人工智能编程平台"，包含了硬件和软件的相关知识。接下来我们在 2.1.1 节介绍软件知识，然后在 2.1.2 节介绍相关的硬件知识。

2.1.1 "智能小灯"动起来——软件知识介绍

小朋友们，要实现人工智能的产品，就需要工具来实现人工智能，这里可以直观地将"人工智能图形化编程平台"理解成实现人工智能的"工具"。

如图 2-1 所示，展示了人工智能图形化编程平台的样例，左上方是"舞台区"，左下方是"角色区"，中间是"舞台管理区"，还有"人工智能指令区"主要提供了我们实现人工智能的一些工具；右边的"创作区"可以通过一定的组合来创作设计。

小朋友们，接下来我们会依次介绍每个功能区的特点和使用方法。

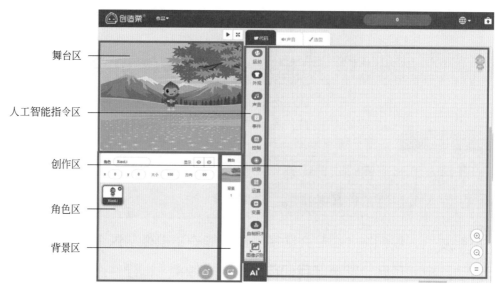

舞台区

人工智能指令区

创作区

角色区

背景区

图 2-1　人工智能图形化编程平台

菜单栏介绍

单击作品下拉菜单后有三个选项，如图 2-2 所示。

- 新建作品：新建程序作品。

- 打开本地作品：打开已保存的程序。

- 保存到计算机：将当前程序保存到
  本地。

"作品名称"编辑栏中可以对文件名称

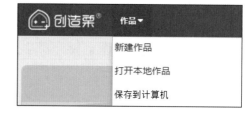

图　2-2

进行编辑，编辑完成后自动保存，保存文件时会使用修改后的名称，如图 2-3 所示。

图　2-3

舞台区介绍

舞台区会显示当前背景和被显示的角色，背景的图案可以通过舞台管理区进行设置，如图 2-4 所示。

舞台区中心点坐标为（0.0），最左到最右为（240+240），最上到最下为（180+180），如图 2-5 所示。

图　2-4

图　2-5

角色区介绍

如图 2-6 所示，角色列表中的角色被选中时会突出显示，通过选择"显示 / 隐藏"可以设置该角色是否显示在舞台中，属性设置可以设置角色在舞台上的方向和位置。

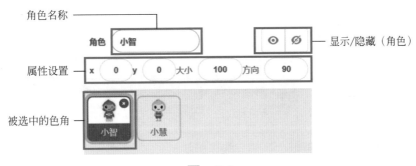

图　2-6

指令区介绍

我们在指令区能找到多种功能的指令，为了方便查找和使用，将同类的指令放在一起，如图 2-7 所示，运动类指令主要控制角色运动；外观类指令主要控制角色外观，包括造型、大小等；声音类指令主要对声音进行设置，包括声音大小、音调、音量等；事件类指令主要设置程序启动方式等；控制类指令主要进行判断、循环、克隆等；侦测类指令主要侦测角色触碰、按键状态等功能；运算类指令主要执行数字运算、数值比较、与或非等；变量类指令主要建立变量、设置变量等。

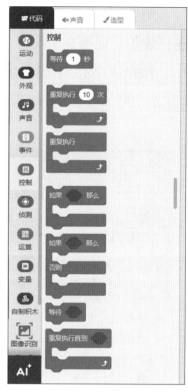

图 2-7

小朋友们，除了上述基础的图形化编程指令，我们还可以扩展出人工智能功能，以实现更加高级的人工智能产品。接下来，我会告诉你怎么扩展人工智能指令。

如图 2-8 所示，单击扩展按键，我们会看到"选择一个扩展"页面，小朋友们会看到很多更加强大的人工智能工具，例如"图像识别"和"语音识别"。

图 2-8

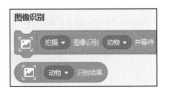

单击"创造栗—图像识别",可以扩展出与实现图像识别相关的一些人工智能方法,如图 2-9 所示。例如,可以实现拍摄一只小动物,然后通过图像识别的人工智能方法可以知道这个小动物是什么动物。

图　2-9

2.1.2 "智能小灯"动起来——硬件知识介绍

小朋友们,下面我们来一起认识下"小栗方"人工智能硬件,它可以拍摄、录音等。我们可以使用它来实现多种人工智能产品,如智能小灯。如图 2-10 所示,左图展示了"小栗方"人工智能硬件的正面,右图是"小栗方"的背面,小朋友们可以通过 TypeC 接口将"小栗方"设备与我们的"计算机"连接。

图　2-10

人工智能硬件为了完成采集信息和发送信息,有以下基本功能:

- 摄像头:采集视频信息。
- 麦克风:采集音频信息。
- 光敏传感器:读取环境光值。
- 点阵屏:文字、图案显示。
- 旋钮:左右转动状态。
- 按键:按键按钮。

✿人工智能硬件——"小栗方"与计算机相连接步骤

(1)用数据线连接"小栗方"和计算机,如图 2-11 所示,当"小栗方"

背面的指示灯亮起的时候，就表示连接成功了。

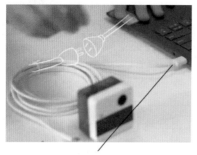

USB连接计算机　　　　　　　　USB线另一边连接"小栗方"

图　2-11

小智，你知道为什么要将"小栗方"与计算机连接在一起吗？

老师，这样可以及时把我们在计算机上编写的程序告诉"小栗方"。

（2）在图形化编程平台扩展区域选择"小栗方"套件，如图2-12所示。

图　2-12

图　2-17

答

1. 让灯亮起来

使用 LED 类积木块，找到对应的图标，如图 2-18
所示。

2. 让灯按顺序循环"点亮"

将找到的 LED 图标按顺序摆放好，加上时间间隔，
并加入循环积木块中。

图　2-18

编程流程

要完成"智能小灯"动起来，我们要完成以下任务：

（1）在仿真平台新建作品。

（2）选择输入类模块。

（3）在 LED 类模块找到对应图标。

（4）选择控制类模块控制灯亮的时间。

（5）让程序重复执行。

编一编

小朋友们，让我们根据上面的思路，接下来一起动手编写程序吧！

（1）首先我们打开"人工智能仿真平台"。

（2）我们在输入类中找到"当▶被点击"，如图2-19所示。

（3）接下来我们在LED类中找到"显示图标"和"选择图标"，如图2-20所示。从"选择图标"中找到音符图标，单击选择该图标，如图2-21所示。

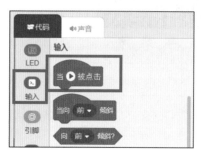

图　2-19　　　　　　　　　　　　　图　2-20

（4）我们从控制类中找到"等待1秒"，如图2-22所示。将其放在控制灯的图形积木块下面，用来控制每个灯亮的时间，如图2-23所示。

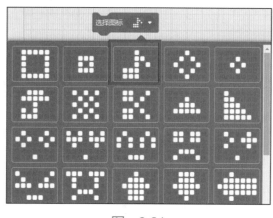

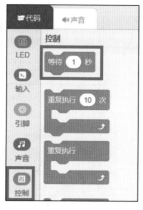

图　2-21　　　　　　　　　　图　2-22　　　　　图　2-23

（5）我们从控制类中找到"重复执行"，将要循环的内容放在该积木块中，就能让智能小灯循环展示不同样式的灯了，如图2-24所示。

（6）最后，我们单击▶按钮让智能小灯动起来，如图2-25所示。当智能小灯动起来时，会看到如图2-26所示，灯的样子会在"小栗方"上不停改变，运行按钮变成停止按钮，程序积木块也会发出黄色的光。

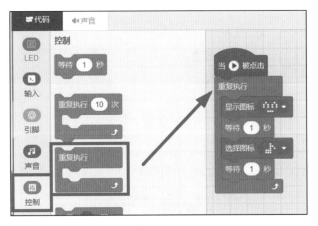

图　2-24

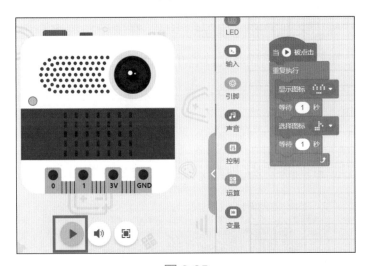

图 2-25

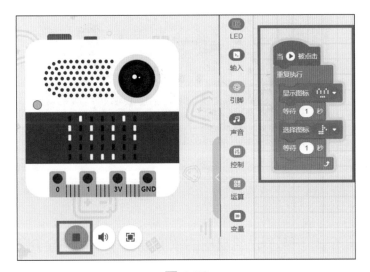

图 2-26

2.2 认识小智一家

⊙ **学习目标** ⊙

- 了解人工智能图形化编程平台主要区域的划分及素材的使用。
- 了解角色在舞台上的运动方式和操控方法。

小朋友们，通过上一节的介绍，相信你们已经对人工智能编程有了基本的认识了吧！欢迎你们来到图形化编程的世界，在这里有很多有趣又好玩的东西，相信你们一定会喜欢的，接下来就让我们一起到图形化编程世界一探究竟吧！

让我们通过人工智能编程平台，来了解小智一家吧！

想一想

小智一家的照片如图 2-27 所示，小智会怎么介绍自己的家呢？

图 2-27

答

小智家有 4 个人，除了介绍自己的家庭成员，小智还会介绍一下家里的一些房间。

编程流程

要制作一个"认识小智一家",我们要完成以下任务:

(1)在"图形化编程平台"新建作品。

(2)选择室内舞台背景。

(3)导入小智一家人的角色。

(4)使用外观类模块编写打招呼程序。

(5)使用外观类模块切换背景并介绍小智的房间。

(6)用运动类模块让小智移动到家人旁边。

(7)使用外观类模块介绍家人。

编一编

小朋友们,我们根据上面提供的思路,接下来一起动手编写程序吧!

(1)首先我们打开"图形化编程平台",如图 2-28 所示。

图　2-28

(2)我们导入小智家的背景,选择"添加背景",选择室内的背景,如图 2-29 所示。

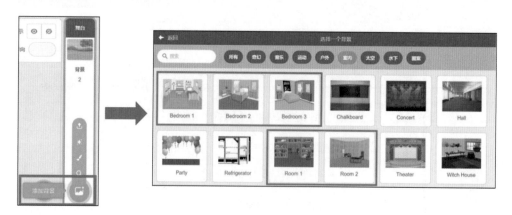

图 2-29

（3）我们导入小智家的角色，选择"添加角色"，选择小智一家人的角色，如图2-30所示。在舞台区可以使用鼠标拖动角色到合适的位置。

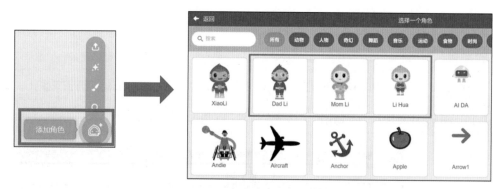

图 2-30

（4）小智是如何和大家打招呼的呢？小朋友可以通过 说 你好! 2 秒 让小智用2秒时间和大家说"你好!"，如图2-31所示。

图 2-31

（5）当小智和大家打完招呼后，是如何进入第 2 个房间呢？也就是如何带领我们去介绍他的房子呢？如图 2-32 所示，小智是通过执行了"下一个背景"**下一个背景** 和"等待（ ）秒" **等待 1 秒** 两个指令。

图 2-32

（6）接下来，我们让小智走到每位家人旁边介绍他的家人。如图 2-33 所示，我们可以选择【移动】操作，如 **移动 1 步**，移动（1）步是向右走一步，移动（-1）步是向左走一步。为了让小智永远在其他家人前方，可以使用【移动到最前面】积木块 **移到最 前面▼**。我们还可以让小智在介绍家人时摆出介绍人的动作（造型），使用【换成（ ）造型】积木块，如 **换成 造型2▼ 造型**。

图 2-33

（7）我们让程序运行起来，让小智向我们介绍他的一家人。为了让程序运行起来，我们首先可以单击【运行】 **▶** 按钮（当程序运行时，按钮会变为【停止】■按钮），如图 2-34 所示。

图　2-34

2.3 捉迷藏 ▼

 学习目标

- 了解坐标的作用和获取角色坐标的方法。
- 了解顺序、选择和循环结构的特点和使用方法。

小朋友们，小智向我们介绍了他的家人和他的家。今天小智和妹妹玩捉迷藏，他到书房，看到妈妈在，就和她讨教了几个问题，妹妹等了许久也没被哥哥找到，得意洋洋地到书房，却发现哥哥把她忘了，小智要怎么哄好妹妹呢？我们一起来看看吧。

想一想

如果需要一个人到指定位置，可以使用哪几种方式来告诉这个人指定位置在哪儿呢？比如我们到电影院看电影，你是怎么知道自己要坐在哪里的呢？

答

在生活中，我们有几种常用的方式来指路，比如"向前走500米再向右走100米""三层楼道东边尽头的教室""地铁站出东南口向前走100米左右"等方式。而在一个平面中，我们常使用坐标来表示一个物体在平面上的位置，即舞台区上的物体可以使用坐标来表示其位置。

举一个例子，如图2-35所示，使用鼠标移动小智后，可以在【运动】中看到其在舞台中的位置，按照坐标的正规写法，可以写作（–152，–87）。如果使用鼠标移动小智，其位置也会改变，如图2-36所示，新坐标是（114,97）。

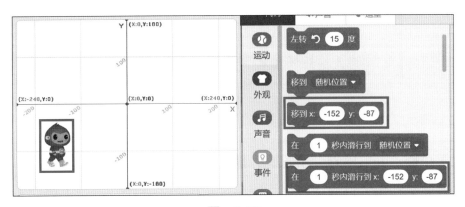

图 2-35

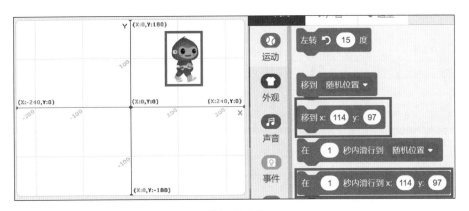

图 2-36

注意：这里的坐标是在平面直角坐标系内，写法为（x,y）。平面直角坐标系的建立方法：在平面内画两条互相垂直，并且有公共原点的数轴。其中横轴为X轴，纵轴为Y轴。

编程流程

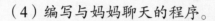

要制作"捉迷藏"活动，我们要完成以下任务：

（1）在"图形化编程平台"新建作品。

（2）选择、设计合适的角色和舞台背景。

（3）编写走向妈妈停在妈妈面前的程序。

（4）编写与妈妈聊天的程序。

（5）编写妹妹出现并一起聊天的程序。

（6）妹妹角色增加按下空格键瞬间移动到小智的效果。

（7）编写哥哥角色移动的程序。

（8）让妹妹角色重复执行一直追随哥哥。

编一编

（1）小智走到书房看到了妈妈，他走向妈妈，停在妈妈面前。

小智要走到哪个位置呢？使用鼠标轻轻移动小智妈妈，在【运动】中可以看到她所在的坐标，如图 2-37 所示。

图　2-37

不过，如果只使用【移动（）步】积木块，只能让小智向左右移动，所以我们要用【在（）秒内滑行到】积木块（）。注意，编程时要选中小智这个角色后编写程序，如图 2-38 所示。

图　2-38

（2）和妈妈聊了一下如何画画。

在编写妈妈给出建议的程序前，要等待小智先完成走过来和提问的程序，计算小智需要的时间，先让妈妈"等待"一会儿再回答，如图 2-39 所示。

图　2-39

（3）妹妹来了，发现哥哥和妈妈在聊天。

最开始妹妹是没有在舞台中出现的，我们可以使用外观类中的【隐藏】和【显示】积木块来控制她出现或是隐藏，如图 2-40 所示。

通过【换成（Li Hua-2）造型】，可以选择角色在不同时间显示不同造型，我们可以通过"造型页面"来查看当前选中的角色或舞台的造型，如图 2-41所示。

（4）小智和妹妹玩追人游戏，这一次妹妹紧紧跟随。

我们可以通过事件类【当按下（空格）键】来让妹妹"瞬间移动"到小智的位置，如图 2-42 所示。

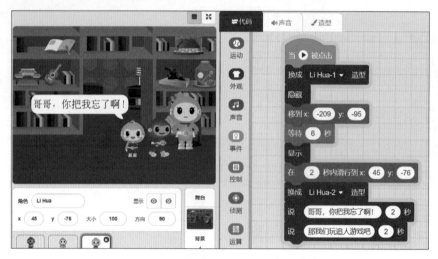

图 2-40

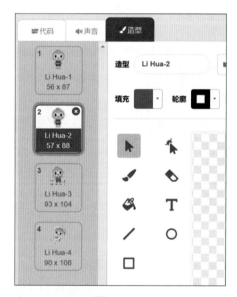

图 2-41

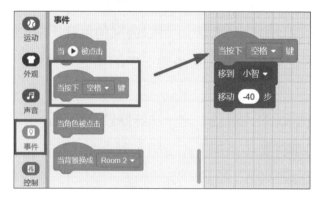

图 2-42

（5）小智为了不被妹妹追到，要动起来。

"如果小智想不被追到，那么就要让小智上下左右移动"。

相信细心的小朋友已经发现了，老师用了一个"如果……
那么……"来进行造句。编程也可以实现这个效果，如果我
们满足了一个"条件"，那么就可以实现一个"结果"。

"如果……那么……"在我们现实生活中也是经常出现的。例如，我们语
文学到的造句：如果今天不下雨，我就能出去踢足球。在上面这句话中，"今
天不下雨"是条件也是前提；"踢足球"是结果。要满足"踢足球"的结果，
前提是"今天不下雨"。

同样地，在编程中也是如此。在满足了【如果……那么……】( )
六边形框框里的条件之后，才会执行"那么"里面的结果。

另外，因为要一直运动，所以我们使用【重复执行】( )让内部程
序一直循环执行，如图 2-43 所示。

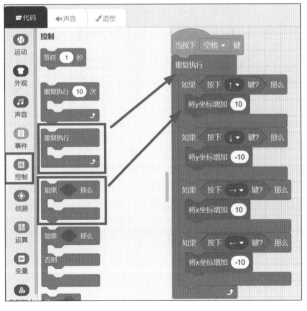

图　2-43

（6）妹妹一直紧紧追随哥哥。

如果我们想让妹妹一直追随小智，那就利用【重复执行】，让其内部程序一直循环执行，如图 2-44 所示。

图　2-44

程序总结

小智的程序如图 2-45 所示。

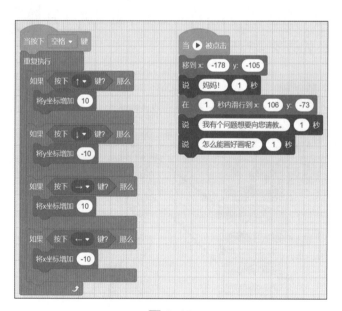

图 2-45

小智妈妈的程序如图 2-46 所示。

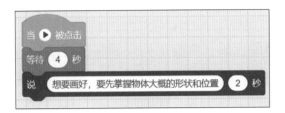

图 2-46

小智妹妹的程序如图 2-47 所示。

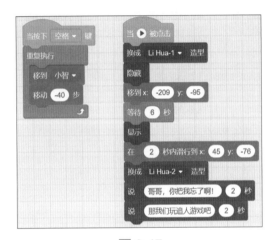

图 2-47

在这一章中，我们用到了编程中最基本的 3 种结构：顺序结构、选择结构和循环结构，如图 2-48 所示。

顺序结构：从上到下依次执行程序。

选择结构：根据是否满足条件选择执行的程序。

循环结构：重复执行某部分程序。

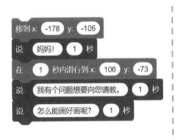

顺序结构

选择结构

循环结构

图 2-48

练 一 练

1. 请观察以下两段代码,判断下列问题是否正确。

① 两段代码移动的步数都是一样的?

是( ) 否( )

② 两段代码呈现的动画效果是一样的?

是( ) 否( )

2. "如果……那么……"语句是属于3种程序结构的什么结构?

【参考答案】

1. ① 否 ② 否 2. 选择结构

第 *3* 单元

人工智能典型应用

小朋友们，通过第二单元的学习，已经初步掌握了如何基于人工智能编程平台去实现一些简单的"人工智能"程序。在这一单元，我们继续遨游人工智能的海洋，请跟着我一起学习本章的知识吧！

3.1 跟我学诗词——语音识别

学习目标

- 学习编写人工智能程序，熟悉语音识别功能。
- 熟悉人工智能硬件的功能，能够结合 AI 功能完成人工智能应用案例的编写。

同学们，你们平时背古诗是怎么背的呢？会不会和小伙伴一起背古诗，然后考考对方？

今天我们来使用人工智能语音识别功能来配合你一起背吧。

想一想

如果我们说古诗的上句，让人工智能助手说古诗的下一句，会使用到人工智能的哪些功能？

答

识别我们说的内容要使用人工智能中的语音识别功能。

编程流程

要制作一个"跟我一起学诗歌——语音识别"活动，我们要完成以下任务：

（1）新建舞台编程作品。

（2）选择、设计合适的角色和舞台背景。

（3）编写语音识别的功能程序。

① 选择人工智能积木拓展；

② 设置要识别的诗句开始模型训练；

③ 为舞台角色编写启动语音识别功能的程序；

④ 判断语音识别结果，识别后开始朗读下一句；

⑤ 朗读结束后再次开启语音识别功能，一直循环。

（4）使用人工智能硬件执行程序。

编一编

小朋友们，我们首先在人工智能编程平台上新建一个"人工智能程序"，将其命名为"跟我学诗词"，如图 3-1 所示。

图　3-1

为了营造良好的学习环境，我们从计算机中上传一个舞台背景，单击"上传背景"，从计算机中选择要使用的背景图片，单击"打开文件"，然后从舞台上就能看到新上传的背景，如图 3-2 所示。

如果上传的图片不能将舞台填满，我们可以在"背景页面"中修改图片大小，如果在背景页面中没有出现调整图片大小的外框，需要先将图片变为矢量图（改变图片大小不会改变它的清晰度的一种图片），单击 转换为矢量图，如图 3-3 所示。

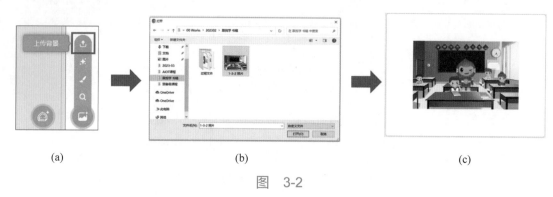

(a)   (b)   (c)

图 3-2

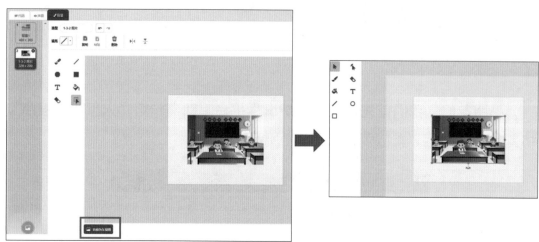

图 3-3

将图片变为矢量图，使用选择工具选中图片上的点就可以根据需要修改图片大小了，如图 3-4 所示。

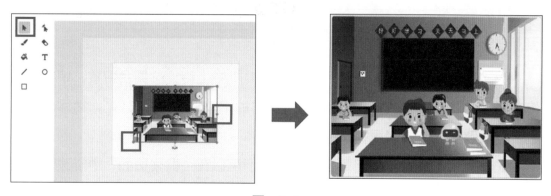

图 3-4

接下来，添加人工智能助手角色，如图 3-5 所示。

图 3-5

编写语音识别的功能

单击选择人工智能助手（ ），单击人工智能积木扩展，选择人工智能硬件 AI，如图 3-6 所示。

图 3-6

我们来认识一下语音识别的常用积木块，要实现语音识别需要先将要识别的内容设置好（使用图 3-7 中的①号积木块），设置好以后要开始进行训练语音识别的模型（使用图 3-7 中的②号积木块），在程序中使用开始语音识别积木块启动人工智能语音识别功能（使用图 3-7 中的③号积木块），识别成功后，如果需要使用语音识别结果，可以使用图 3-7 中的④号积木块。

接下来为人工智能助手编程，让他来配合我们背诗。按下人工智能硬件后，启动人工智能助手，具体程序如图 3-8 所示。

将要识别的诗句设置好，每一句都要设置，设置后开始模型训练，如图 3-9 所示。

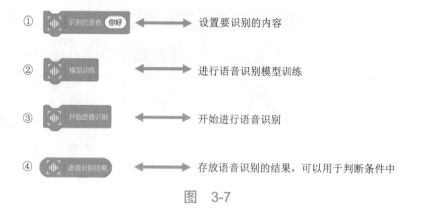

① 识别的语音 你好 ⟵⟶ 设置要识别的内容

② 模型训练 ⟵⟶ 进行语音识别模型训练

③ 开始语音识别 ⟵⟶ 开始进行语音识别

④ 语音识别结果 ⟵⟶ 存放语音识别的结果，可以用于判断条件中

图 3-7

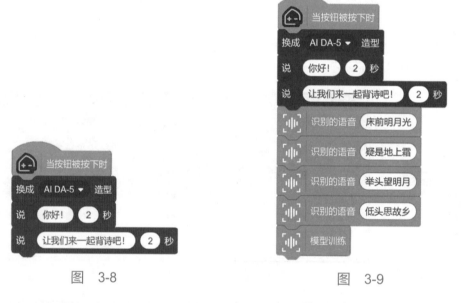

图 3-8

图 3-9

在模型训练后，就可以准备启动人工智能语音识别功能了。为人工智能助手编写启动语音识别功能，如图 3-10 所示。

识别语音识别的结果，如果和设置的某一句诗一样，则让人工智能助手朗读下一句。这里要特别注意，为了保证能一直执行语音识别功能，每次朗读结束后，都要使用开始语音识别积木块再次开启语音识别功能，如图 3-11 所示。

语音识别程序如图 3-12 所示，所有的判断积木块（如果……那么……）都要放在循环积木块（重复执行）中。

图 3-11

图 3-10

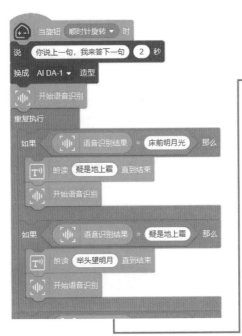

图 3-12

❇ 使用人工智能硬件执行程序

首先用数据线连接"小栗方"和计算机，如图 3-13 所示，当"小栗方"背面的指示灯亮起的时候，就表示连接成功了。

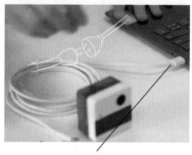 

USB连接计算机 　　　　　USB线另一边连接"小栗方"

图 3-13

在图形化编程平台扩展区域选择"小栗方"套件，如图 3-14 所示。

图 3-14

页面右上角图标会显示"小栗方"【未连接】(◼ 未连接)，单击【未连接】按钮出现如图 3-15 所示弹窗，单击【下一步】按钮。

选择图 3-16 弹窗中的 USB Serial 端口，单击【连接】按钮。

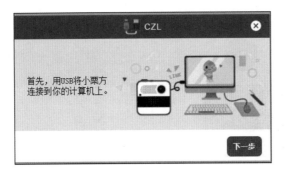

图　3-15

图　3-16

如图 3-17 所示，单击【返回编辑器】。

图　3-17

按下图 3-18（a）中人工智能硬件中红色方框框选的按钮，开始模型训练，如图 3-18 所示。

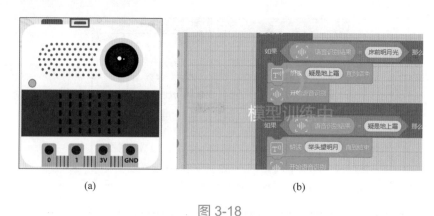

(a)   (b)

图 3-18

顺时针转动人工智能硬件中红色方框框选的旋钮,开始语音识别,如图3-19
所示。

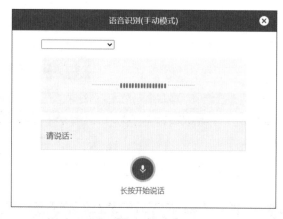

图 3-19

练 一 练

在使用人工智能语音识别功能时,为了启动语音识别功能,我们可以使用
(　　　)指令。

【参考答案】

    C

3.2 认识小动物——图像识别

◉ **学习目标** ◉

- 使用硬件进行人工智能应用体验。
- 学习编写人工智能程序，熟悉图像识别功能。

　　小朋友们，通过之前的学习，我们已经通过编程平台掌握了如何编写人工智能程序。相信你们已经掌握了吧？

　　老师，我已经理解了。

　　对了，老师，您之前不是告诉我们，人工智能产品是由软件和硬件构成的吗？我们之前学习的人工智能编程，其实是软件部分吧？就是控制"人工智能"的指令？

　　真聪明，我们之前已经介绍了人工智能产品的软件部分，在本次活动中，我会带你了解如何结合硬件，实现一个完整的人工智能智能产品，就像我们前面一起讨论过的"智能安防摄像头"。

　　谢谢老师！我已经迫不及待了，请马上带我学习吧！

❀ **认识小动物**

　　暑假到了，爸爸妈妈带小智去农家乐玩，他注意到：有的爸爸妈妈为了教刚会说话的小宝宝认识动物，总会不断重复地指着动物说："这是小鸡，这是马，这是小鸡，这是马……"小智想利用人工智能识别功能制作一个动物识别器，当动物走过来就能说出这是什么动物了。

◆ 想一想

小智要识别动物并说出动物的名称，会使用到人工智能的哪些功能？

◆ 答

识别动物要使用图像识别功能，说出这些动物的名字要使用文字朗读功能。

◆ 编程流程

要制作"认识小动物——图像识别"活动，我们要完成以下任务：

（1）新建作品。

（2）选择、设计合适的角色和舞台背景。

（3）编写"小鸡"角色移动的程序。

（4）编写"马"角色移动的程序。

（5）编写"母鸡"角色移动的程序。

（6）编写"小狗"角色移动的程序。

（7）编写小智角色图像识别功能的程序。

① 选择人工智能积木拓展；

② 编写启动识别动物图像功能的程序；

③ 判断图像识别结果，识别后进行播报。

（8）使用人工智能硬件进行图像识别。

◆ 编一编

小朋友们，我们首先在人工智能编程平台上新建一个"人工智能程序"，将其命名为"认识小动物"，如图3-20所示；然后添加舞台背景，如图3-21所示。

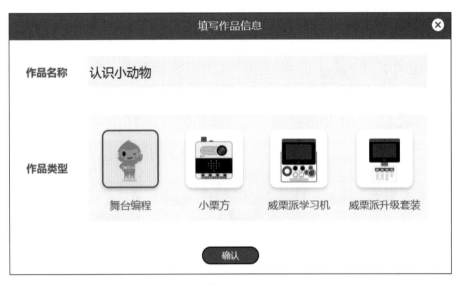

图 3-20

图 3-21

接下来，添加多个动物角色，分别添加了小鸡、母鸡、马和狗的角色，如图 3-22 所示。

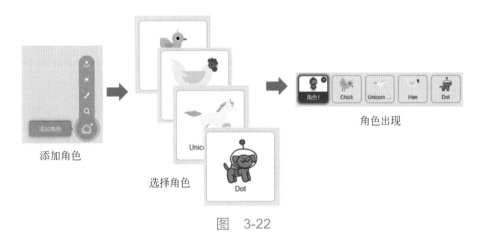

图 3-22

编写"小鸡"的程序

单击角色小鸡（ 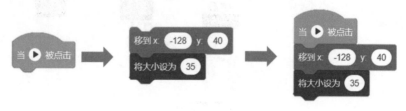 Chick），当程序启动时，小鸡需要一个初始位置，所以我们先设定它的【位置 移到x: -128 y: 40 】。在外观指令中设置小鸡的大小，设定【大小为"35" 将大小设为 35 】，以上步骤完整编写流程如图3-23所示。

图 3-23

为了让小鸡角色在碰到舞台边缘时转身，要进行以下编程，如图3-24所示。

图 3-24

编写"马"的程序

马的大部分程序和上面所学的小鸡的程序是一样的，我们可以复制小鸡的程序到马的角色中，拖曳程序到角色马上，松开鼠标即复制完成，如图3-25所示。

修改角色马中的程序参数，修改位置、大小和移动距离，如图3-26所示。

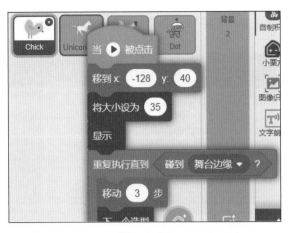

图 3-25

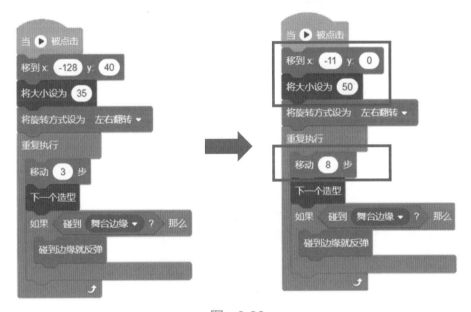

图 3-26

编写"母鸡"的程序

母鸡的大部分程序和上面所学的小鸡的程序是一样的，我们可以复制小鸡的程序到母鸡的角色中，拖曳程序到角色母鸡上，松开鼠标即完成复制，如图 3-27 所示。

如图 3-28 所示，可修改母鸡角色中的程序参数，如修改位置、大小和移动距离。

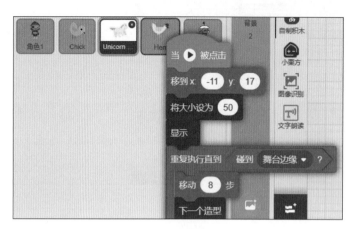
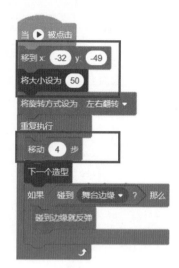

图 3-27　　　　　　　　　　　　　图 3-28

编写"小狗"的程序

　　小狗的大部分程序和上面所学的小鸡的程序是一样的，我们可以复制小鸡的程序到小狗的角色中，拖曳程序到角色小狗上，松开鼠标即完成复制，如图 3-29 所示。

图 3-29

　　如图 3-30 所示，可修改小狗角色中的程序参数，如修改位置、大小和移动距离。

　　删除小狗造型中的最后一个，否则连续切换造型时会不连贯，如图 3-31 所示。

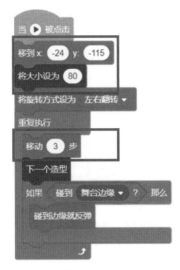

图 3-30

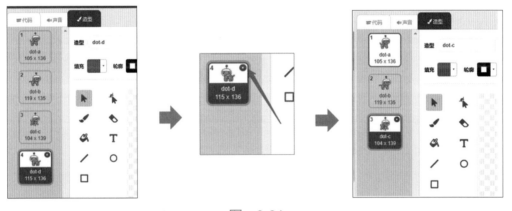

图 3-31

编写图像识别的功能

单击小智图标（ ），再单击人工智能积木扩展，选择人工智能硬件和图像识别，如图 3-32 所示。

图 3-32

按下人工智能硬件 AI 时开始识别动物照片／图片，如果是农庄的动物就会语音播报是哪类动物；如果是其他动物，播报"这可能不是这里的动物"，具体程序如图 3-33 所示。

图　3-33

 小朋友们，接下来我们学习如何用人工智能硬件进行图像识别。

使用人工智能硬件进行图像识别

运行图 3-33 中的程序，连接好人工智能硬件"小栗方"，当按下"小栗方"按键时，出现图像识别窗口，如果是第一次使用图像识别，需要授权，如图 3-34 所示。

选择一张背景干净的图片，单击"拍摄照片"，如果识别成功在图像识别窗口左上角会显示识别结果，如图 3-35 所示。

图 3-34

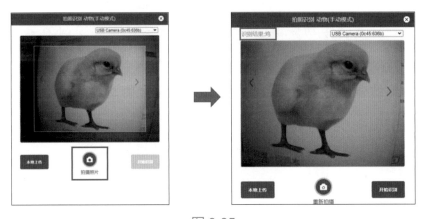

图 3-35

练 一 练

当我们对动物进行拍照识别时，需要使用（　　　　）积木块。

A. 显示字符串 动物

B. 识别的语音 动物

C.  拍摄 ▾ 图像识别 动物 ▾ 并等待

D. 数字 ▾ 识别结果

【参考答案】

C

第4单元

人工智能发展与挑战

经过半个多世纪的发展，人工智能产品在各行各业的成功应用已经对我们的生活产生了深刻的影响。在本单元的学习中，你将不仅了解人工智能的发展历史，还会了解人工智能技术对生活所带来的变化和积极影响，同时也将意识到人工智能应用可能会给人类社会带来的风险和挑战。

4.1 倾听人工智能的故事

◉ 学习目标 ◉

- 通过了解图灵与人工智能的渊源，体验图灵测试。
- 了解图灵与人工智能的渊源。

图灵与图灵测试

 　　小智，我们前面学习了人工智能的相关知识，但是你知道怎么判断人工智能产品是否具有人类智能吗？

老师，如果人工智能产品能像人类一样完成一些任务，那我们是不是可以说它就具备了人类智能呀？

 　　小智，你真聪明。你的这个思路和图灵测试很类似！图灵测试可以判定机器是否具备人类智能。

哇！老师，那图灵测试是什么呀？快告诉我吧！

 　　好的，小智。请跟着我往下学。

　　图灵测试由艾伦·图灵提出，由三方组成，即询问者、机器和人。询问者对机器和人不断提出各种问题，并根据他们的回答来辨别回答者是人还是机器，如图 4-1 所示。

图 4-1

在"图灵测试"中，并没有限定问题的范围和提问的标准，询问者可以随意提问。如果询问者无法分辨哪个回答来自人，哪个回答来自机器，那么机器就被认为通过了图灵测试，被认为具备了人类智能。

知识窗

人工智能之父——图灵

艾伦·图灵（1912—1954）是一位英国数学家和逻辑学家，被称为计算机科学和人工智能之父。1950年，他在英国哲学杂志《心》上发表了一篇名为"计算机与智能"的文章，其中提出了"模仿游戏"思想，并被后人称为"图灵测试"。这篇文章被广泛认为是机器智能最早的系统化科学化论述。他在文中预言了创造出具有真正智能的机器的可能性。

练一练

下面（   ）选项是图灵测试的基本思想。

A. 让人类解决某些具体问题

B. 让机器和人类一起完成某些任务

C.让询问者辨别机器和人类的回答

D.让机器像人类一样思考和行动

【参考答案】

　　C

4.2 畅享人工智能生活 ▼

◎ 学习目标 ◎

- 了解日常生活中的人工智能技术应用。
- 能够分辨生活中哪些场景使用了人工智能技术。

　　　　小智，你说当机器有了"人类智能"之后，是不是可以帮我们驾驶小汽车呀？

　　　　是的，未来的出行将会更加智能化和便利化。我们不但可以不用自己驾驶小汽车，还可以通过语音控制告诉智能汽车目的地，它会自动帮我们规划好路线，并安全地将我们送达目的地。

　　　　小智真聪明，学会了举一反三！那么接下来给你介绍自动驾驶汽车的知识吧。

　　　　好的，老师。

美国谷歌公司的第一辆自动驾驶原型车被称为 Firefly（萤火虫），这是当时谷歌从零开始设计制造的一辆真正的自动驾驶汽车。它采用了激光雷达、超声波雷达、数字摄像头等技术，可以自主进行路线规划、转向、加速和减速等操作。

哇！老师，请问自动驾驶汽车是近几年才开始研发的吗？

小智，其实自动驾驶汽车不是一个新鲜的概念了。早在1925年，美国陆军的一位电子工程师就已经实现了通过无线电波来控制车辆的方向盘、离合器和制动器等部件，让汽车可以实现简单的自动驾驶。

看来自动驾驶汽车已经被研究将近100年的时间了呀！研究了那么久，我们还没有实现完全自动驾驶的汽车，说明这件事情是非常难的。

是的，虽然自动驾驶汽车技术早在1925年就有先驱者开始进行研究了，但这项技术在20世纪发展缓慢，直到近年来，随着人工智能技术的成熟，才让自动驾驶汽车领域焕发出新的活力，呈现出蓬勃发展的趋势。

老师，请问人工智能技术可以为自动驾驶汽车提供哪些帮助呀？

好的，小智，我接下来给你讲一讲。

你看，我们驾驶汽车，是不是首先要观察道路状况呀？然后根据路况以及我们的目的地，通过我们司机的大脑做出判断，判断是否要加速或转动方向盘。最后，我们才做出加速、刹车或者转动方向盘等操作，对吧？

老师，我懂了。其实驾驶汽车就是要干三件事！第一件事就是要看清楚道路，第二件事就是要做出思考判断，第三件事才是去操作油门踏板和方向盘来控制汽车！

小智真聪明！你说的三件事和人工智能技术在自动驾驶汽车领域的应用对应上啦！人工智能技术可以让自动驾驶汽车在以下三个领域受益：

（1）"看得见"——环境感知领域：实现自动驾驶汽车的第一件事就是要让汽车能"看得见"道路、路况、标识牌等信息。

（2）"想明白"——决策规划领域：好像人类看见红灯，就要停下来一样，自动驾驶汽车也需要根据所处的环境做出思考判断。

（3）"动起来"——控制执行领域：就是让汽车根据前面两个步骤的结果，执行对应的操作，如加速或转动方向盘等。

老师，我懂了。人工智能技术可真神奇呀！

2020 年，谷歌无人驾驶汽车开发部门正式发布了第五代无人驾驶系统。谷歌对车辆的硬件和外壳进行了仔细地调整，以便能够最大限度地发挥激光雷达、摄像头、雷达等功能。此外，测试车车顶上方圆顶增加了 LED 照明系统，这样就可以使其不分昼夜地识别车辆周围物体。自动驾驶汽车的示意图如图 4-2 所示。

图 4-2

小智，你看人工智能技术那么神奇，那我考你一下，如果来场"人机大战"，你们觉得谁会赢呢？

人类会赢，因为是人类创造了计算机，人类有很多能力是计算机无法学习和超越的。

嗯……好像也不对……有可能计算机会赢，因为计算机有强大的算法，人类的脑力是算不过的。

非常好，你说得很准确。AlphaGo是一款由谷歌旗下DeepMind团队开发的围棋人工智能程序。它成功的背后主要借助了深度学习、蒙特卡洛树搜索等技术手段。2016年，AlphaGo与世界围棋冠军李世石进行了一场备受关注的"人机大战"。

这场世纪"人机大战"的结果如何呢？

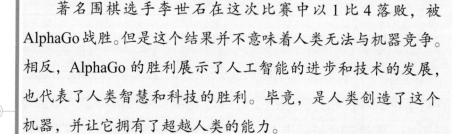

著名围棋选手李世石在这次比赛中以1比4落败，被AlphaGo战胜。但是这个结果并不意味着人类无法与机器竞争。相反，AlphaGo的胜利展示了人工智能的进步和技术的发展，也代表了人类智慧和科技的胜利。毕竟，是人类创造了这个机器，并让它拥有了超越人类的能力。

小智，刚才我们已经了解了人工智能技术在自动驾驶和围棋方面的应用啦，接下来，我告诉你更多有关人工智能技术应用的案例，好不好呀！

好的，老师，快带我遨游人工智能的海洋吧！

近年来，人工智能的相关技术已经广泛地应用在工业生产和人们生活的各个方面，并且为各行各业的发展升级注入了新的动力，如图 4-3 所示。

图　4-3

很多人曾认为人工智能只是指人形机器人，并且与我们相距甚远。但实际上，人工智能应用范围十分广泛，且与我们密切相关。成千上万种人工智能应用已经深入到各行各业的基础中，渗透到我们的生产、生活的方方面面。人工智能已广泛应用于医药、疾病诊断、金融贸易、机器人控制、科学研究各个领域，可以说我们的日常生活与人工智能息息相关。

4.2.1　智能安防：人工智能 + 安防

如图 4-4 所示，人工智能技术应用的普及，让城市的安防从过去简单的安全防护系统向更复杂和智能的城市综合化体系演变。提到城市安防，大家会想到什么？其实城市的安防项目涵盖众多的领域，包括街道社区、楼宇建筑、银行邮局、道路和机动车辆监控以及警务人员调配等。这些都需要借助人工智能技术进行智能化监管和管理，为城市的安全保卫提供更加全面、高效、精准的保障。

图　4-4

如图 4-5 所示，公安行业作为安防重点的应用领域，正在利用人工智能等技术大力推进公安信息化以及智慧警务建设。通过将人脸识别算法应用到治安监控系统中，实现系统的智能化升级，如图 4-6 所示。该技术可以将重点关注的人像与监控系统中的人像进行对比，为户籍管理、治安管理、刑侦破案等提供分析技术手段，人工智能在其中发挥着越来越重要的作用。

图 4-5

图 4-6

4.2.2 智能医疗：人工智能 + 医疗

近年来，随着人工智能领域的语音识别、计算机视觉等技术的逐渐成熟，其与医疗健康领域的融合不断加深。人工智能技术逐渐成为提升医疗服务水平的重要因素。

　　人工智能进入医疗健康领域的应用技术主要包括语音录入病历、医疗影像辅助诊断、药物研发、医疗机器人和个人健康大数据的智能分析等。其中，医疗影像辅助诊断可以快速准确地标记医疗影像中的异常部分，从而提高图像分析的效率，以供放射科医师参考，如图4-7所示。

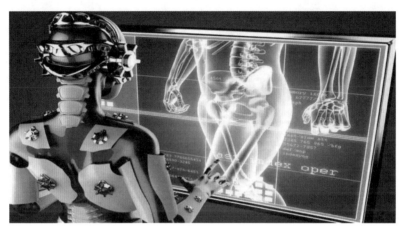

图　4-7

　　电子病历可以记录医生与病人的交互过程以及病情发展情况。语音识别技术可以帮助医生摆脱手写的烦琐，提高记录病历的效率，并且为患者在医院继续治疗提供了极大的便利，如图4-8所示。

图　4-8

　　医用机器人按照其用途不同，可以分为临床医疗用机器人、护理机器人、医用教学机器人等。随着人工智能技术的发展和医疗领域机器人应用的普及，医用机器人已经成为机器人领域的"流行产品",如图 4-9 所示。

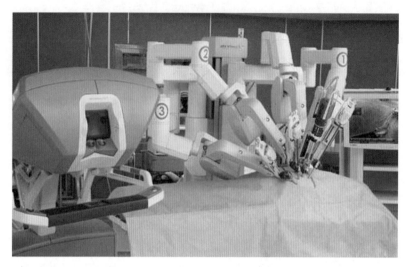

图　4-9

4.2.3　智能交通: 人工智能＋交通

在城市交通领域,人工智能技术发展出了车辆识别技术。这项技术能够又快又准地提取车辆的车牌号、品牌、颜色、车辆类型等信息,同时还可以执行基于车辆外观特征的快速检索,从而辅助进行刑事案件侦查、交通事故处理、交通肇事逃逸等工作,如图 4-10 所示。

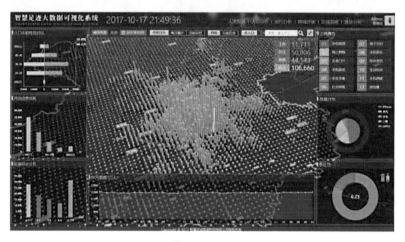

图　4-10

4.2.4 智能制造：人工智能＋制造

人工智能在制造业的应用主要分为三方面，如图 4-11 所示。

（1）智能装备：主要用于加工制作过程，包括数控机床、自动识别设备、人机交互系统、工业机器人等设备。

（2）智能工厂：主要指利用智能设备完成生产及管理的系统，包括智能设计、智能生产、智能管理等内容。

（3）智能服务：包括大规模个性化定制、远程运行维护等服务。

图　4-11

练 一 练

请小朋友们再想想人工智能会给什么行业或者我们的生活带来什么影响？

【参考答案】

人工智能对我们的生活和各个行业都可能带来很多影响，例如：

➢ 医疗保健：人工智能可以帮助医生进行诊断、提供治疗建议，还可以通过大数据分析发现潜在的疾病风险。

➢ 金融服务：人工智能可以用来进行欺诈检测、风险评估和投资决策。

➢ 制造业：人工智能可以帮助生产过程中的质量控制和缺陷检测，还可以提高生产效率和降低成本。

➢ 教育：人工智能可以帮助学生更好地学习和理解知识，还可以提供个性化的学习方案。

➢ 交通运输：人工智能可以帮助自动驾驶汽车进行路线规划和交通管制，从而提高行车安全和交通效率。

➢ 零售业：人工智能可以帮助商家更好地了解客户需求，提供个性化的推荐和服务，从而提高销售额。

➢ 媒体和广告：人工智能可以根据用户的兴趣和偏好，定制广告的内容，从而提高投放效果和用户体验。

➢ 农业：人工智能可以帮助农民进行土地管理和作物种植，提高产量和品质。

➢ 能源和环境：人工智能可以帮助提高能源效率，监测污染和气候变化，从而保护环境。

➢ 客户服务：人工智能可以帮助提供更快速、更高效、更个性化的客户服务体验。

➢ 社交媒体：人工智能可以帮助社交媒体平台进行内容筛选和管理，并推荐符合用户兴趣的内容。

➢ 法律：人工智能可以帮助提高法律服务效率，减少犯罪率，提高司法公正。

➢ 人类卫生保健：人工智能可以帮助科学家发现新的药物和治疗方法，还可以通过智能监控来防止疫情的扩散。

➢ 建筑和房地产：人工智能可以帮助提高建筑效率，优化建筑设计和资源利用，提高房产价值和销售率。

4.3　人工智能安全与伦理 ▼

　　• 进一步了解人工智能应用可能会给人类社会带来的安全、伦理和隐私问题，可以辩证分析问题。

4.3.1　人工智能与信息安全

　　在人工智能时代，个人数据和信息是人工智能系统运行的基础，其形式多种多样，包括被收集的个人信息和被智能系统分析得出的个人信息。在使用人工智能为个人服务时，应提供有效的法律保障，保护个人信息安全。

　　近年来，人工智能技术应用在多个领域，无论是图像分类、视频监控领域的目标跟踪，还是自动驾驶、人脸识别、围棋等方面，都取得了非常好的进展。但是，目前的人工智能技术还存在很多问题，下面举两个例子来说明。

　　【例 4-1】　如图 4-12 所示，在自动驾驶场景下，对限速标识牌加一些扰动，就可以误导自动驾驶系统将其识别为"Stop"。

　　【例 4-2】　如图 4-13，在人的前面挂一块具有特定图案的牌子，就能使人在视频监控识别系统中"隐身"。

图　4-12

图　4-13

显然这些干扰会引起很大的安全隐患。另外，人工智能的一些技术现在正在被滥用来欺骗人。例如，利用人工智能生成虚假内容，包括换脸视频、虚假新闻、虚假人脸等。

利用人工智能技术生成虚假视频，使用视频换脸生成某个特定人的视频，有可能对社会稳定甚至国家安全造成威胁，模仿领导人讲话可能就会欺骗社会大众，如图 4-14 所示。

利用人工智能技术生成虚假人脸，然后建立虚假的社交账户，看起来好像是一个真实人的账号，通过设定的程序通过交流套取其他人的隐私，如图 4-15 所示（左图是生成的人脸图片，右图是原图）。

图 4-14

图 4-15

"AI 换脸"你玩过吗？随着图像处理和人工智能技术的发展，不少"换脸"应用可以将自己的脸替换成明星或是朋友的脸，如图 4-16 所示（左图是原图，右图是换脸后的图片）。然而，不法分子通过收集照片、视频，利用 AI 技术"换脸"，用伪造的照片或视频实施诈骗。新技术带来的新挑战，需要我们密切关注。

近年来，人脸、指纹已经成为身份证号码、手机号码等信息之外，最容易被不法分子获取并进行犯罪的个人信息。由于这些信息与个人财产息息相关，信息一旦丢失将造成难以挽回的损失。

在人工智能技术发展的今天，不只在图片和视频领域，在语音识别领域也存在安全隐患。例如，在语音中任意加入非常微小的干扰，就可能会造成语音识别系统把这段语音识别错，如图 4-17 所示。

图　4-16

图　4-17

　　小朋友们，你们有看到过类似"滥用 AI 技术"的案例吗？

　　在 2021 年 9 月 24 日，广西玉林警方抓捕了一个通过破解人脸识别技术侵犯公民个人信息犯罪团伙。他们将非法获取的公民照片制作成动态人脸，然后使手机，"利用"动态人脸通过各种认证，从而非法获得他人财物（图 4-18）。

图　4-18

4.3.2　人工智能收集个人信息的方式

与传统收集个人信息的方式不同，人工智能会通过各种智能端口"悄悄"收集个人信息。在人工智能领域，不论是人工智能产品还是智能系统都离不开智能端口。如图 4-19 所示，这些智能端口无处不在，如头顶的摄像头、计算机的对外接口（如 USB 接口）、手机的指纹识别触控、行车导航的定位仪等。

图　4-19

这些智能端口在收集个人信息时，常常不为人知，因而我们也很少会提起防范之心，更不会考虑，甚至没有能力追寻我们的个人数据信息最终会流向何方。有些系统记录用户的指纹和面容，我们很难想象这些信息会被用于怎样的分析和计算，更不知道这些信息是否会被用于一些违法的地方，如图 4-20 所示。

图　4-20

人工智能领域个人信息安全面临严重威胁的同时，更需要我们引起注意的是，人工智能对国家和社会造成的潜在威胁（图 4-21）。例如，英国 2019 年大选前夕，一位艺术家公布了一段用深度伪造技术制作的视频。在该视频中，两位首相候选人相互支持对方竞选首相。这一事件揭示了人工智能在政治和舆论方面可能产生的负面影响。虽然这一技术可以在某些方面提高社会效益，但同时也需要我们密切关注其可能带来的危害和风险。

图 4-21

| 你知道吗？ |

2017年，绍兴市公安局召开打击整治黑客攻击破坏和网络侵犯公民个人信息犯罪专项行动新闻发布会。会上，警方通报了全国首例利用人工智能侵犯公民个人信息案。

在本次案件中，警方彻底摧毁入侵网站黑客团伙、制作撞库软件黑客团伙、利用人工智能技术识别图片验证码团伙、数据买卖团伙、网络诈骗团伙等43个犯罪团伙，成功截留被盗的公民个人信息10亿余组，缴获赃款600余万元及大量作案工具。

注：撞库是黑客通过收集互联网已泄露的用户和密码信息，生成对应的字典表，尝试批量登录其他网站后，得到一系列可以登录的用户信息。

新闻来源：法制日报

原标题：《绍兴警方侦破全国首例利用 AI 犯罪案》

4.3.3　人工智能与个人隐私

个人隐私也被称为个人数据或个人信息，人工智能不仅隐秘地收集个人数据信息，而且由于人们对人工智能和智能系统"毫无防范"，人工智能可以收集更多的个人隐私。

在人工智能时代，数据的收集、使用等各个环节都会产生风险。例如在数据收集环节，人工智能收集着不计其数的个人数据，涉及姓名、性别、电话号码、电子邮箱、地理位置、家庭住址等。又如在数据使用环节，经过数据挖掘能分析出深层信息，可以分析出个人的生活习惯、行踪轨迹等信息，进一步扩大了隐私暴露的风险。最后，由于黑客攻击、系统安全漏洞等原因，个人数据还常常面临着被泄露的风险（图4-22）。

在我们享受着人工智能给生产生活带来的极大便利的同时，人们往往忽视了这些新技术、新应用对隐私和个人数据带来的危害。当前，智能应用（如手机App）已经成为人们生活中必不可少的工具，这些智能应用在提供服务的同时会收集个人数据，以便有针对性地投放精准的营销信息。与此同时，也会产生一个潜在危险，就是"精准诈骗"。诸多"精准诈骗"案件表明，这种犯罪让人防不胜防，给个人人身和财产安全带来极大的损害（图4-23）。

图　4-22

图　4-23

更进一步地说，人工智能的黑灰产业链也在不断壮大，黑客和犯罪分子利用人工智能技术不断地攻击和窃取用户信息，甚至利用生成的虚假信息进行诈骗和勒索。因此，个人数据安全和隐私保护已经成为不可忽视的重要问题。

4.3.4　人工智能时代如何保障个人隐私

随着人工智能的快速发展，人们对自身隐私的关注也日益增加。如何在使用人工智能的同时保障个人隐私，这是其中最为重要的问题。

个人层面

在网络的日常应用中，我们应该提高个人隐私权意识，加强对个人数据的保密，这可以从根本上保障个人的隐私和安全（图 4-24）。

图　4-24

在日常生活中，可以尝试以下几点来保护个人隐私。

（1）定期清理网络上的个人信息。

（2）尽量使用不同的密码，并采用"数字 + 字母 + 符号"的组合形式。在输入密码时要避开摄像头或遮挡屏幕。

（3）在连接公共 WiFi 之前先确认其安全性，尽量不要连接不知名的免费 WiFi，并避免在连接公共 WiFi 的情况下输入个人敏感信息。

法律层面

我国为了保护个人信息权益，规范个人信息处理活动，促进个人信息合理利用。2021 年 8 月 20 日，第十三届全国人民代表大会常务委员会第三十次会议表决通过《中华人民共和国个人信息保护法》，这部法律自 2021 年 11 月 1 日起施行，如图 4-25 所示。

中华人民共和国主席令

第九十一号

《中华人民共和国个人信息保护法》已由中华人民共和国第十三届全国人民代表大会常务委员会第三十次会议于2021年8月20日通过，现予公布，自2021年11月1日起施行。

中华人民共和国主席　习近平

2021年8月20日

图　4-25

在有关法律的基础上，该法进一步细化、完善个人信息保护应遵循的原则和个人信息处理规则，明确个人信息处理活动中的权利义务边界，健全个人信息保护工作体制机制（图 4-26）。

图　4-26

技术层面

为防止隐私泄露，人工智能研究人员在这方面加强开发新的技术，主要有以下几方面：

➢ 加强数据库安全的技术手段，保证核心数据加密存储。

➢ 加强数据库防火墙，预防批量数据泄露。

➢ 进行数据脱敏，保证批量个人数据的匿名化。

➢ 加盖数字水印，实现溯源处理。

|知识窗|

人脸信息是重要的生物识别信息。我国《民法典》规定：生物识别信息与自然人姓名、出生日期、身份证件号码、住址、电话号码、电子邮箱、健康信息、行踪信息等同属于受法律保护的个人信息。

2021 年 11 月 1 日起实施的《个人信息保护法》全方位加强对个人信息的保护，明确规定生物识别、宗教信仰、特定身份、医疗健康、金融账户、行踪轨迹等信息属于敏感个人信息，处理敏感个人信息应当取得个人的单独同意。

练 一 练

下列不属于保护隐私的行为是（   ）。

A. 输入密码时用手进行遮挡

B. 不在网站上随意填写本人信息

C. 随意连接公共 WiFi

D. 不单击来路不明的连接

【参考答案】

C

附录 A

青少年编程能力等级 第5部分：人工智能编程一级部分节选

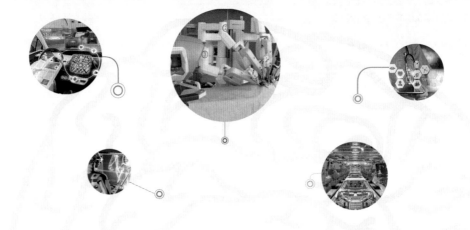

A.1 范围

本文件规定了青少年人工智能编程能力的等级及其对应的能力要求。

本文件适用于青少年人工智能编程能力教学和测试。

A.2 规范性引用文件 ▼

下列文件中的内容通过文中的规范性引用而构成本文件必不可少的条款。其中注日期的引用文件，仅该日期对应的版本适用于本文件；不注日期的引用文件，其最新版本（包括所有的修改单）适用于本文件。

T/CERACU/AFCEC/SIA/CNYPA 100.1—2019青少年编程能力等级 第1部分：图形化编程。

T/CERACU/AFCEC/SIA/CNYPA 100.2—2019青少年编程能力等级 第2部分：Python 编程。

T/CERACU/AFCEC 100.3—2020 青少年编程能力等级 第3部分：机器人编程。

T/CERACU/AFCEC 100.4—2020 青少年编程能力等级 第4部分：C++编程。

A.3 术语和定义

T/CERACU/AFCEC/SIA/CNYPA 100.1—2019、T/CERACU/AFCEC/SIA/CNYPA 100.2—2019、T/CERACU/AFCEC 100.3—2020、T/CERACU/AFCEC

100.4—2020 界定的以及下列术语和定义适用于本文件。

3.1

青少年人工智能编程（artificial intelligence programming for adolescents）

为完成某种人工智能技术任务而进行的程序开发活动，包含人工智能应用和人工智能算法。本文件中所述"人工智能编程"，若未特别注明年龄段，皆指青少年人工智能编程。

注1：编程中用的编程语言主要指 Python 和图形化编程语言。

注2：本文件中所定义的人工智能编程不是指利用人工智能技术进行软件开发的活动。

3.2

人工智能编程平台（artificial intelligence programming platform）

人工智能编程平台包括人工智能图形化编程平台、人工智能硬件仿真编程平台和人工智能代码编程平台，具有硬件连接和硬件仿真能力。编程人员可在该平台上开发、调试和执行程序，基于人工智能应用案例，完成人工智能应用程序的设计、验证和应用。

3.3

人工智能硬件（artificial intelligence hardware）

在青少年人工智能编程教学活动中使用的硬件/硬件组件，配备微处理器，具有便捷性和可扩展性；能够进行数据采集与多媒体播放，下载图形化编程平台或代码编程平台，执行人工智能相关的软件包，完成人工智能应用程序的演示。

3.4

人工智能教学环境（teaching environment for artificial intelligence）

用于青少年人工智能教学的各类软硬件集合，包含人工智能编程平台（3.2）

和人工智能硬件（3.3），以及教学和测试场所。

A.4 人工智能编程能力的等级划分

本文件将青少年人工智能编程能力划分为四个等级，分别规定了相应的知识与能力要求，如表1所示。申请测试的对象应达到相应能力等级的综合要求，方可通过认证。

表1 人工智能编程能力等级划分

等级	能 力 要 求	解 释 说 明
一级	了解人工智能基础知识，了解身边的人工智能应用；初步认识人工智能图形化编程平台	了解人工智能基础知识，具备基本编程逻辑思维； 了解身边的人工智能常见应用，并能够借助人工智能图形化编程平台与人工智能硬件完成人工智能应用的体验； 了解人工智能图形化编程平台中图形化编程界面组成及使用方法、了解编程的基础知识，了解程序的三种基本结构； 初步了解人工智能的发展历史、其与人类社会生活的关系，以及存在的风险
二级	掌握人工智能图形化编程平台的编程功能，理解语音识别和图像识别的技术及其应用，初步认识人工智能硬件，能实现简单的人工智能应用开发	掌握人工智能图形化编程平台和人工智能硬件的操作方法； 能够通过人工智能图形化编程平台体验人工智能应用示例，能够理解和应用语音识别和图像识别； 能够通过修改参数实现对示例的改编，完成人工智能应用程序的开发； 了解人工智能的历史、发展过程及其面临的挑战，感受人工智能对社会的影响

续表

等级	能 力 要 求	解 释 说 明
三级	了解人工智能教学环境中常用的输入与输出设备，初步认识神经网络模型；能基于适合的输入与输出设备设计具有相应功能的人工智能应用程序	了解人工智能教学环境中常用输入与输出设备的类型和作用； 掌握人工智能图形化编程平台中读取输入设备信息的方法； 掌握人工智能图形化编程平台中常用功能模块的使用方法； 能够通过人工智能图形化编程平台，体验自主训练神经网络模型的过程； 能够结合现实中的问题，选择适合的输入输出设备搭建场景，使用人工智能图形化编程平台，实现具有相应功能的人工智能应用程序； 了解人工智能对社会生活的正面影响和负面影响
四级	了解人工智能基础算法，能够基于示例完成神经网络算法的验证与改编，了解核心算法的基本概念	能够基于人工智能代码编程平台，运用 Python 语言实现人工智能应用程序的编写； 了解数据处理与算法思想，掌握人工智能核心算法概念，能够根据需求选择合适的算法； 了解人工智能编程平台中代码编程功能，熟悉人工智能功能指令库的调用和使用方法； 能够通过示例完成神经网络算法的验证与改编； 具有人工智能领域的安全意识，关注人工智能应用中的伦理问题

A.5 一级核心知识点及能力要求

5.1 总体要求

人工智能编程一级的总体要求为：

——了解人工智能的基础知识；

——了解身边的人工智能常见应用；

——了解人工智能图形化编程平台界面组成及使用方法；

——了解编程的基础知识；

——了解程序的三种基本结构；

——能够编写简单的程序。

5.2 核心知识点与能力要求

青少年编程能力等级人工智能编程一级包括 15 个核心知识点及对应的能力要求，具体说明如表 2 所示。

表 2 人工智能编程一级核心知识点与能力要求

编号	知识点名称	能 力 要 求
1	人工智能的基础知识	—
1.1	身边的人工智能	了解人工智能在生活中的应用。可以根据描述或生活体验判断某项功能或某种产品是人工智能的应用（如智能音箱、语音助手、天气助手、地图导航、人脸和车牌识别门闸、无人驾驶汽车）
1.2	人工智能三要素概述	了解人工智能具有三要素：数据、算法、算力，了解其在生活应用中的体现
1.3	人工智能中的语音识别和图像识别	了解人工智能主要技术，了解人工智能中语音识别、图像识别应用，能够辨别身边的人工智能应用，包括但不限于语音识别和图像识别等方面
2	人工智能编程	—
2.1	人工智能图形化编程平台的使用	了解人工智能图形化编程平台中人工智能模块的使用方法，会打开和运行程序示例
2.2	人工智能图形化编程的基本要素	了解人工智能图形化编程的基本要素（如舞台、角色、造型、背景、人工智能模块）之间的关系

续表

编号	知识点名称	能 力 要 求
2.3	人工智能图形化编程平台基础功能主要区域的划分及使用	了解在人工智能图形化编程平台主要区域（如舞台区、角色区、人工智能指令模块区、创作区）的划分及素材（如角色、背景和音乐）的使用
2.4	基本文件操作	了解基本的文件操作，能够打开、新建、命名和保存文件，能够打开人工智能程序示例
2.5	程序的启动和停止	了解人工智能程序示例的启动和停止的方法
2.6	算法三种不同程序结构	了解算法三种不同程序结构，能分辨出具有不同结构的简单程序
2.7	人工智能图形化编程平台参数调整	人工智能图形化编程平台功能中，能够根据任务要求在平台的样例程序中修改参数，完成人工智能程序的参数调整
3	人工智能典型应用	—
3.1	语音识别和图像识别的应用领域	了解语音识别和图像识别在生产生活中的应用（如智能家居、智能校园、智能物流、智能交通、智能医疗等），并能够借助人工智能硬件完成人工智能的学习与体验
3.2	体验简单人工智能程序	能够使用人工智能图形化编程平台体验程序示例
4	人工智能发展与挑战	—
4.1	人工智能的发展与历史	了解人工智能发展历程中出现的重要人物和事件，初步形成自己的认知观，能够总结并表述出所学内容
4.2	人工智能与社会生活	了解人工智能技术给生活带来的变化与积极影响。通过了解人工智能在生活的作用，感受人工智能给生活生产带来的便利
4.3	人工智能安全与伦理	了解人工智能应用可能会给人类社会带来的风险。了解人工智能应用的安全、伦理和隐私问题

PAAT 全国青少年编程能力
等级考试人工智能一级样题

(考试时间 90 分钟，满分 100 分)

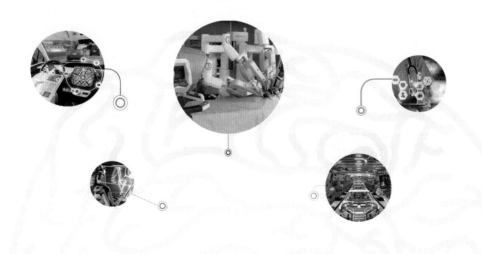

第一部分　单项选择题

本部分共 20 题，每题 3 分，共 60 分，完成时间 40 分钟。

AI　1_1. 下列不属于人工智能应用的是（　　　　）。

A. 人机对弈　　　　B. 人脸识别　　　　C. 自动驾驶　　　　D. 3D 打印

AI　1_2. 人工智能的三要素是指（　　　　）。

A. 人工、机器、数据　　　　　　B. 数据、算法、算力

C. 机器、代码、数据　　　　　　D. 代码、算法、人工

AI　1_3. 小李家中装修，准备安装智能家居，希望可以通过说话的方式来控制灯、窗帘及其他家用电器。这主要采用的技术是（　　　　）。

A. 光电控制技术　　　　　　　　B. 射频识别技术

C. 语音识别技术　　　　　　　　D. 虚拟现实技术

AI　1_4. 在如图所示的界面中，可以实现"动物识别"的扩展模块是（　　　　）。

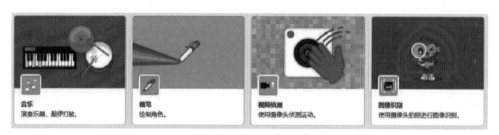

A. 音乐　　　　　　B. 画笔　　　　　　C. 视频侦测　　　　D. 图像识别

AI 1_5. 下列功能中可以用于语音识别的是（　　　　）。

A.　朗读 你好　　　　　　　　　　B.　字母 识别结果

C.　镜像拍摄 图像识别 字母 并等待　　　D.　识别的语音 你好

AI　1_6. 舞台在人工智能图形化编程平台中用于呈现脚本运行效果，舞台中央的坐标是（　　　　）。

A.（0,180）   B.（0,0）   C.（–240,0）   D.（180,180）

AI 1_7. 人工智能图形化编程平台分为几个主要的区域，下列不属于编程功能主要区域的是（   ）。

A. 舞台区   B. 角色区

C. 人工智能指令模块区   D. 文件重命名区

AI 1_8. 在编写"图像识别"应用程序时，图像识别的功能指令位于（   ）。

A. 变量模块区   B. 运算模块区

C. 人工智能指令模块区   D. 控制模块区

AI 1_9. 下列脚本中，可以让声音"Cheer"连续播放 10 次后结束的是（   ）。

AI 1_10. 下列文件可以在人工智能编程平台上打开的是（   ）。

A. 示例程序 .ppt   B. 示例程序 .jpg

C. 示例程序 .czl   D. 示例程序 .doc

AI 1_11. 下列脚本中，会一直重复执行的是（   ）。

C.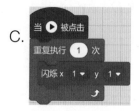

D.

AI 1_12. 对于如图所示的脚本，若按下按钮能朗读出"你好"，则空白处应填入数字（   ）。

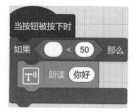

A. 40

B. 50

C. 60

D. 70

AI 1_13. 结构化程序包括 3 种基本控制结构，下列不属于 3 种基本控制结构的是（   ）。

A. 顺序结构

B. 选择结构

C. 层次结构

D. 循环结构

AI 1_14. 下列叙述中，属于人工智能应用的是（   ）。

A. 地铁站使用 X 光机对旅客行李进行安检扫描

B. 地图软件在有 WiFi 连接的地方自动升级数据

C. 医生使用 B 超检测病人身体

D. 高速公路 ETC 通道自动识别车牌号码进行收费

AI 1_15. 下列对如图所示脚本的叙述中，正确的是（   ）。

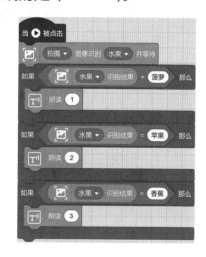

A. 属于图像识别应用，当识别到图片"菠萝"时，会朗读"1"

B. 属于语音识别应用，当听到语音"菠萝"时，会朗读"1"

C. 属于图像识别应用，当程序运行后还可以识别数字 1~3

D. 属于语音识别应用，当听到语音"2"时，会朗读"苹果"

AI 1_16. 下列脚本中，能实现通过图像识别功能识别"马"的照片，识别成功后让点阵 LED 灯从图 1 变化到图 2 的是（　　　　）。

图　1　　　　　　　　　　　　图　2

A.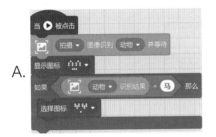

B.

C.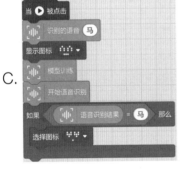

D.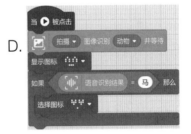

AI 1_17. 第一个战胜围棋世界冠军的人工智能"棋手"叫（　　　　）。

A. AI BOX

B. 图灵

C. AlphaGo

D. 冯·诺依曼

AI 1_18. 人工智能面临多种安全风险，下列不属于人工智能所面临的安全风险是（　　　　）。

A. 网络安全风险

B. 数据安全风险

C. 算法安全风险

D. 硬件磨损风险

AI 1_19. 外国旅游者在某地观光时，曾经看到一家"王记速食店"，招牌的英文却写着 No Translation or Server Error（其中文意思为：无翻译或服务器错误），百思不得其解。经过了解获知这是店家利用在线翻译软件翻译"王记速食店"的英文结果，这说明（　　　　）。

A. 机器翻译功能强大

B. 在线翻译是网友翻译的，所以出错了

C. 机器翻译是有局限性的

D. 机器翻译是没有前途的

AI 1_20. 某天，小王老师从商场开车回学校的途中发生了以下几件事：

① 商场出口处的停车闸识别了她的车牌号，并显示相应的停车费。

② 她使用微信扫描二维码的方式支付了停车费。

③ 在出发前由于不熟悉回去的路，于是用百度地图搜索了回程路线。

④ 在行车途中她想使用手机，喊了一声"嘿，Siri"，手机助手回应"你好，我在这儿"。

⑤ 红绿灯停车时，她听到广播里的一首歌，不知道叫什么歌名，于是使用"网易云音乐"软件中"听歌识曲"的功能。5秒钟后，软件内显示出了该歌曲的名称。

⑥ 开到校门口，门卫大伯看到她的车，使用红外线传感遥控器，将学校的升降闸门打开，她安全地回到了学校。

上述过程运用到人工智能技术的有（　　　　）。

A. ①②⑤　　　　B. ①④⑤　　　　C. ②③⑤　　　　D. ②③⑥

第二部分　操作题

本部分共1题，共40分，完成时间50分钟。

AI 1_21. 按下列要求完成相应操作：

（1）使用数据线将硬件与计算机正确连接。

（2）在人工智能图形化编程平台上打开桌面上的示例程序"语音识别一

倒计时"。

（3）运行程序，实现按下按钮朗读"开始语音识别"，然后开始语音识别。

（4）当识别到语音"倒计时开始"后，程序等待 10 秒，随后播放铃声。

（5）修改参数，完成以下功能：当识别到语音"5 秒倒计时"后，程序等待 5 秒，随后播放铃声。

附录 C

人工智能一级（样卷）参考答案

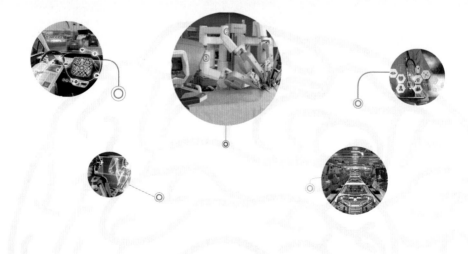

一、单项选择题（共 20 题，每题 3 分，共 60 分）

题号	1	2	3	4	5	6	7	8	9	10
答案	D	B	C	D	D	B	D	C	D	C
题号	11	12	13	14	15	16	17	18	19	20
答案	B	A	C	D	A	A	C	D	C	B

二、操作题（共 1 题，每题 40 分，共 40 分）

AI　1_21 示例程序

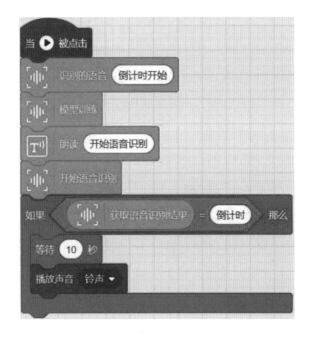